犬にきいた 犬のこと

犬にきいた 犬のこと

河田いこひ

ラスティ、野辺山の二年

海鳴社

カット：越川映子

もくじ

危機一髪

「入院させても駄目じゃないかな」、二人の獣医師が同時につぶやく。それはまるで遠雷のように、からっぽになった私の頭の中で反響した。そして、たちまちのうちに、ラスティが来てから今までの間に、一緒に歩きまわって出会った、ありとあらゆる場面が目の前に現われて、重なっていった。

まだらに雪を残した八ヶ岳牧場。こぶを登りつめたところではち合わせをした雄ジカは、子ウマのように思われた。緑深い林内にすっくと立ち並ぶクリンソウの群落。木もれ日にゆれて、鈴の音さえきこえてきそうだった。遠くで真綿のかたまりのように白く光っていたのは、ヤマナシの古木。直線道路もこの木をよけて曲げてあった。早朝、黒雲を背に、赤色を内側にして現われた鮮やかな二重の虹。八ヶ岳をくくる半円形の虹も、初めて見た。赤岳の東面に最後まで残る、トカゲのような、シカの角のような雪形。空も山肌もけぶる頃だ。板橋牧場の南に広がる雲海。そこに浮かぶ北岳や甲斐駒といった島々。富士山も見えた。放牧直前の牧場には、白、黄、紅、紫の花が、どこを歩けばよいのかためらうほど咲き乱れていた。雨あがり、ずぶぬれになって渡った杣添川上流。はじめて目近かに見たカモシカ。おとぎ話の世界のような林床のきのこ。真赤な草もみじと落っこちていきそうに深く青い空。うずくまって耐えた地吹雪。風上に向かってどんどん伸びてゆく霧霜。ラスティのひげにまで霜がついた。マイナス二〇度。空気がキラキラして、雪の表面は宝石をばらまいたように七色に輝いていた。真白に霧氷のついた遠くの林が突然黄金細工に変わったのは、金峰山頂から太陽がのぞいた瞬間だった。青白い氷塊になって静まりかえっていた千ヶ滝。シカ、カモシカ、キツネ、タヌキ、アナグマ、イタチ、リス、ウサギ、テン、キジ、ノラネコ、モグラ、ネズミ…。図鑑でしか知らなかった季節ごとの野鳥。そのさえずり。巣立つ瞬間のカッコウを写真にとることもできた。

「もうちょっと持ち上げて」

獣医さんの声に我にかえって、私は点滴のびんをゆっくり持ち上げた。泡をふき、前足で空をかき、全身をけいれんさせていたラスティは、少しずつ落着いて眠り込んでいった。こうして、散歩の途中で何かをなめて歩けなくなったラスティは、近くの牧場主と二人の獣医師のおかげで、死なずにすんだ。

生まれてはじめてイヌを飼って二年。もと捨てイヌのこのイヌの性質や年齢はもとより、餌に何をどのくらいやるべきか、いつどのくらい運動させたらいいのか、小屋の広さや入口の大きさや向きはどうか、そもそも野辺山の戸外で真冬も飼えるものなのか、何もかもわからなかった。はじめは、吠えるたびに、散歩に連れ出したものだった。なき声や目の光、耳の立て方、鼻と口のかっこう、しっぽの向きなどに注意して、要求や喜怒哀楽を推し測り、あくびやじゃれ方で不満や満足を知り、食いっぷりやトイレの時刻やうんちの様子で健康状態を判断できるまでに、半年はかかっただろうか。やっと、吠え方で、近くを通りすぎた動物が何かとか、どなたの来訪か、などがおおよそ分かるようになった。ラスティの方も、私の暮らしに合わせることができるようになり、約束は破らない。

あやうく失いかけたこの小さな生き物は、限りなく大きなものを与えてくれた。ラスティを連れていなければ無かったであろう良き出会い。漫然と眺めるだけであっただろう野辺山の四季。そこに息づく動植物。それらのひとつひとつを数えつつ、きょうもまた、二メートルの赤いひもでつながって、野山をかけめぐる。私にもラスティにも、最高に楽しい朝のひとときだ。

しっぽ 1

イヌのしっぽの中はどうなっているのか。骨があるのか。無いのか。あるとすれば、何個くらいつながっているのか。無いのなら、どういうしくみでクニャクニャ曲がるようになっているのか。

前を歩くラスティのしっぽの毛がまばらでみすぼらしかった頃は、しっぽの外見ばかりが気になっていた。やがてふさふさして形よくなってくると、次には、しっぽの動きの意味や、動くしかけのことが気になり始めた。

動くしかけの謎が解けたのは、湿った雪が降りしきる中を散歩して

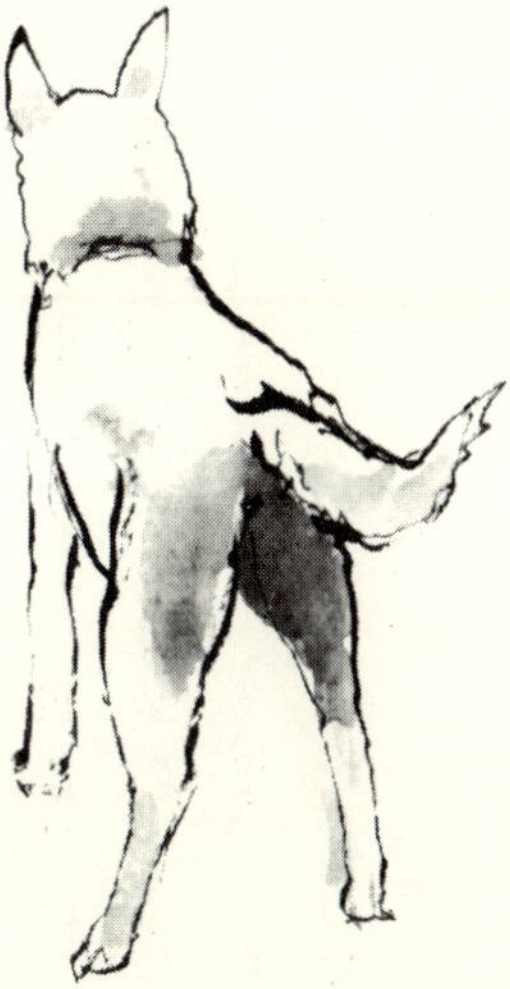

いた時だった。吹雪はラスティの毛皮にどんどん積もっていった。しっぽにも一方向からべったり雪がついた。私たちは、重く深い雪の一本道を黙々と歩いて、分かれ道まで来た。ラスティはいつもここで、ちょっと立ち止まる。案の定この朝も、どちらに行こうかなと一瞬ためらって、しっぽを一回転させた。すると、雪がついてこん棒のようになっていたしっぽが、ポキポキと節に分かれた。短い竹をいくつもつなげて曲がるようにしてある、あのヘビのおもちゃのようだった。急いで数えた。一五個プラスアルファ。レントゲンではないから正確には言えないが、ラスティのしっぽは、一五個ないし二〇個の骨がつながっているように思われた。

しっぽ　*2*

ラスティのしっぽは正直だ。しっぽを見れば、本気か遊びかが分かってしまう。

散歩の途中でネズミの穴を見つけた時。穴にパッと跳びかかり、掘り始める。一心不乱に掘っている時は、しっぽは下向きにピンと張りつめている。一五分くらいこのような状態で掘り続けることもある。しかし、しっぽの向きがこのような時は、どんなに時間がたっていようとも、掘るのをやめさせることはできない。やがて二メートルほど先の出口からネズミが地上にとび出して、草むらに逃げ込む。ラスティの顔は穴の中。ネズミが逃げ出したのは見えない。しかし、穴の中がからっぽになったことは、すぐに分かったのだろう。同じようにせっせと掘り続けはするが、しっぽの緊張が急になくなり、クニャッと上向きになる。こうなれば、「居ない」「もういいよ」と声をかけてひもを引く。ラスティは穴掘りをやめ、鼻をクシュンと鳴らして、再び歩き出す。しっぽの先が背中に着き、鎌の形になっている。

山で、動物の名残を気にして、地面に鼻をこすりつけながら右往左往している時。もししっぽがピンと張りつめていれば、今しがたそこをアナグマとかキツネとかシカが通り過ぎた、ということ。沢の向こうに姿が見えることもある。もししっぽが上を向いていたり、ゆれたりしているなら、ちょっと気になるから確かめているだけ、ということ。ひもをチョンと引いて「来い」と声をかければ従う。

散歩の終り。あと百メートルで家に着くという場所に来ると、ラスティは急にのろのろ歩き、うろうろ歩きになり、さも何かを見つけたかのように、草の根元を嗅ぎ始める。しっぽは上向きだ。「何にも無い」と言ってひもを引くと、首を下げたままの上目づかいで、あとずさりする。帰りたくないラスティのせい一杯の作戦だと見ている。

しっぽの向きの意味を知ってから、ラスティを無理やり引きずらなくなった。

しっぽ　3

ひとが他人にうれしそうについて行くと、イヌにたとえて「しっぽを振っている」というほど、イヌはうれしいとしっぽを振る、ということになっている。たしかに、ラスティはうれしい時にしっぽを振る。

クッキーをポケットに忍ばせたおばあちゃんが散歩から帰って来る。姿は見えなくても、大通りを曲ったあたりから、ラスティは吠え始める。姿が見えたとたん、かん高い甘え声で吠えながら、しっぽを根元から大きく水平に振る。しっぽの先は脇腹に付きそうだ。グルグル回転させることもある。いよいよおばあちゃんが所定の場所でクッ

キーをくれる。ラスティはおすわりして、しっぽの半分から先を左右に振る。地面はほうきで掃いたようになり、ここは草がはえてこない。

朝の散歩と夕方の餌は、ラスティにとって当然の権利らしく、その係である私には、あまりしっぽを振らない。自転車で帰宅した時だけは、首をかしげてじっと見たあと、とびついてきて、ウォンウォーンといいながら、しっぽを細かく振る。

それでは、イヌはうれしい時にしかしっぽを振らないのか、となると、ラスティの場合は、怒った時にもしっぽを振る。

近所のイヌで、散歩の途中にラスティの小屋近くで必ず用を足すのがいる。ラスティは小屋から出て、しっぽを左右に振りながら鼻に立てじわを寄せ、カンカンに怒って吠える。しっぽの先がビリビリふるえる時もある。イヌの飼い主は、ラスティが一緒に遊びたがってしっぽを振っているものと確信していて、散歩のたびにラスティの小屋に立ち寄る。

また、ラスティの散歩コースには、早朝は放してあって、ラスティが通りがかれば追いかけてきてかみつくイヌがいる。たまにこのイヌがつながれていると、ラスティはしっぽを左右に大きく振り、二～三発吠えて呼び出してから、近づいて通り過ぎる。

私が自転車で出かける時もとび出してきて、大きくしっぽを振り、二～三発吠える。

イヌ嫌いの来客があると、ラスティは私の横にぴったりついて、しっぽをゆらしながら吠える。この時は、イヌはうれしいとしっぽを振る、という常識に助けられる。

氷見物

菅平、開田高原、野辺山高原といえば、天気図でいつも低温が特記される長野県の三寒冷地。野辺山は雪は少ないが、一月中旬から二月上旬の最低気温はマイナス二〇～三〇度で、毎朝九時ごろまでは大通りも凍っている。ラスティは足の爪がすべるらしく、凍った道路では、よくスッテンと横倒しになる。私も一緒にズデンとひっくりかえる。私としては、日が高くなってから散歩したい。しかし、ラスティは明るくなれば吠え始める。道が凍っていても出発せざるをえない。

こんな日々は、どうせなら、と私は氷を見に行く。ラスティの選ぶコースは、どこも池あり川ありだから、どのコースでもよい。

たとえばスケート場コース。数年前まで村営の天然氷スケート場だった池がある。夏は、コサギやカルガモやカイツブリが見られ、海鳥が立ち寄っていることもある。ラスティは夏にもここに来るが、鳥や魚にはあまり関心を示さない。もっぱらアナグマを追う。一月下旬、この池は、水口から水尻までの水路と中央を残して、ほぼ全面に氷が張る。氷上の雪には、キツネがゆっくり歩いた四つずつの足跡が、対岸までまっすぐに続いている。ラスティはその足跡をひとつひとつ嗅ぎながら、池の上に踏み出していく。キツネやラスティは渡っても、私が渡れる厚さではない。ヒヤッとする。

冬の千ヶ滝コースもいい。小さな滝がうっすら青い氷の塊になって、谷全体がしんとしている。岩壁に並んだイワツバメの巣は、冬はただのすき間だ。ただ、ラスティはこの景色をまだ見たことがない。滝へと続くはしご段をどうしても下りられないのだ。手すりにつながれて、私がもどるまでなきながら待っている。同じようにせまくて急でも、石段なら下りられる。このはしご段は、いつごろ下りられるようになるだろう。

まなざし　口もと

イヌの目は表情豊かだ。私はラスティの茶色の目の光を見て、喜んでいるのか怒っているのか、何が不満なのか、どうしたいのか、どうしてもらいたいのか、などを判断する。もしかしたら、人間が勝手に人間なりの解釈をしているのかもしれない。出かける私をみつめる目が心細そうに見え、帰宅を出迎える目が安心したように見えるのも、また、獲物をとり損ねてばつが悪そうに見え、成功して得意気に見えるのも、私の側の思い入れなのかもしれない。それでもやはり、イヌの喜怒哀楽を理解したような気分にさせてくれるほど、変化に富んでいるのが、目の表情だ。

しかし、喜びや怒りが強い時は、目が同じように鋭い。そぶりも似ている。満腹でねむい時と、具合いが悪くてなさけない時も、同じように目が三角になる。ラスティのまゆ毛は眉間の近くに数本ずつあるだけなので、これも表情の判断には役立たない。

そんな時、ちがいがはっきり出るのが、口の結びぐあいや、ゆがめ方や、開きかげんや、舌の出し方といった口の表情だ。「目は口ほどにものを言い」という。ラスティの場合は、「口もとはまなざしほどにものを言い」といったところ。ことに、抽象的な甘えは、口もとでしかわからない。首をかしげて、鼻をゆがめ、ほんの少し口を開くこの甘えの表情は、ほかのイヌでも同じなのだろうか。イヌを飼っている人に聞いてみたい。

一張羅

一生ものの最高級品。といっても、上等な台所用品のことではない。ラスティの毛皮のことだ。ダニにくわれて小さな穴があいたり、よそのイヌにかまれてしっぽのつけ根に歯型が並んだりしても、しばらくすると穴はふさがって、元通りになる。耳だけは、食いちぎられたあとが残っているが。

この毛皮一枚でラスティは、マイナス三〇度の一月も、プラス三〇度の七月ものりきる。五月の抜毛でもさほど薄っぺらにならないし、一〇月の抜毛のあとも、とりわけぎっしり冬毛が生えてくるようには見えない。雨や雪やごみなんか、へっちゃらだ。歩きながら、背骨を軸にしてプルンプルンと胴体を回転させて、払い落とせばいい。緊張をほぐす時も、同じ回転身震いをする。小屋からのっそり出て伸びをしたあとや、強引に散歩コースを変更して私と綱引きをしたあとや、よそのイヌとけんかしたあとが多い。人間にはできないこの胴体の回転は、キツネもする。二月の雪の日。道で一匹のイヌに出会った。ラスティもあちらも、じっと立ち止まって互いに見ている。やがてどちらもプルンプルン。そしてあちらは後に向きなおって、沢へ下っていった。からだはラスティよりひとまわり小さいのに、しっぽの太さは四倍。なんだ、キツネだったのか、というわけだった。

ラスティの毛皮は、小さい時はほとんど白に近いうす茶色だった。今も基本はうす茶色だが、ずいぶんむらがある。しっぽのつけ根はリング状の茶色。耳とひたいは色が濃い。おしりは両方ともうっすら黒っぽい。耳や足先やおしりが黒っぽいまだらに見えるのは、皮ふがところどころ黒いからだった。これは、ずぶぬれになった時にわかった。なにしろラスティは、どのくらいの血をひいているのかわからないほどの、れっきとした雑種だから、姿も毛皮の色も、複雑な組合わせなのだろう。

ラスティはこの一張羅の毛皮を、とてもだいじにしている。どろんこによごしてしまっても、散歩から帰ると、時間をかけてていねいになめて、きれいにする。毛がうすくなったり穴があいたりしたところは、毎日根気よくなめて治す。頭とのどと背中は、どうしても舌がとどかないから、私がふいてやる。

首輪

ラスティは一度脱走したことがある。麻酔からさめる時に大暴れをし、首輪をすり抜けて、あらぬ方へ走り去ったのだ。二時間たって、どろんこになって帰ってきたが、家の敷地内にははいってこない。首輪を持って近づけば逃げてしまう。何度も現われ、逃げたが、餌はいつもの時間に全部食べた。夜は、小屋ではなく、私の部屋の前でダンボール箱にうずくまって寝た。翌朝、ラスティはごく自然に首輪を受けいれ、すべてが元にもどった。

首輪といえば、真夜中に立木にぐるぐる巻きになってもがき、首輪をちぎってしまったこともある。その時は、首輪をしてくれ、と私を起こしに来た。その翌朝、ラスティの散歩はいつもの通りだった。しかし、よほど疲れたのだろう。帰ってからは、三時の餌に起こしてもらうまで寝ていた。

首輪をしていないラスティは、私の目にみすぼらしく映る。ラスティのほうも、首輪がないと、何かが足りない、頼りない気がするようだ。歩いている途中、引きひもがたるんで首が楽になると、すぐ振り返って見上げる。「家来、居るかな」とたしかめているように見え、思わず「居るよ」と言って、笑ってしまう。

シカの骨

戸口からイヌ小屋も見えないほど霧の濃い朝だった。どこへ行くにも、まずは右にとび出すラスティが、まよわず左へ折れて、雪道をかけだす。近くにシカがいるにちがいない。

ところが、よくシカに出会う広場をす通りして、ラスティは一目散に牧場コースをめざした。牧場にはいってからも、まるでレールの上を走るように、わき目もふらずに上へ上へと走った。突然、ラスティは雪の上を右へ左へ嗅ぎはじめ、パッと何かにとびついた。シカの白骨だった。かなり新しい。頭は無いが、首から下は全部そろっている。

ラスティは早速一本のあばら骨にとりついた。私は「一本だけよ」と声をかけ、ここはどのあたりだろう、と考えた。シカの骨は細いが、とても硬い。はじめて知る味に興奮しているが、ラスティの口の中は傷ついてくる。霧はいっこうに晴れず、風が吹くと、ラスティのひげに霜がつき、私のマスクはパリパリになった。しんまで冷えた私は、「もういいよ」と言って引き、勘をたよりに、行きの三倍もの時間をかけて帰宅した。

数日後、ラスティはまたこのシカの骨まで来た。骨は、林道のすぐわきにあった。前と同じ場所なのだろう。ラスティと私のあとに何かが来た形跡はなかった。

この林道は、ハンターの行き来が多い。しとめた人がいるところだけ取って、骨を捨てて帰ったのかもしれない。

耳　*1*

小さい時、ラスティの耳は先が前に向かって垂れていた。今は、まっすぐに立っている。そして、必要に応じて、穴を前に向けたり、横に向けたり、左右別々に折りたたんだりする。虫が近づいた方の耳だけを、ピクッピクッとすばやく動かすこともできる。雨の日や風の強い日。ラスティは自在に耳を折りたたんで、雨や風がはいらないようにしている。よく見ると、耳のつけ根にはまちがあって、無理なく穴を広げたり、まげのばしができる造りになっている。

ラスティは、このまっすぐに立っている耳を、さらにピンととがらせることがある。怒った時。不満の度合いが強い時。大きな期待や要求がある時。注意を集中する時。そして意外なことに、リラックスしている時だ。

耳は同じようにピンととがるのだが、それぞれの感情は、穴の向きのちがいになって現われる。苦手なイヌやネコが小屋の近くを通って行く時は、耳の穴をやや前に向け、相手をにらみつけたり、鼻にたてじわを寄せて、三発ずつ吠える。命令通りにしたくない時は、左右の耳を垂直に立て、目をつり上げ、だまって横を向く。生き物の何か気になる気配を感じた時は、しっぽを水平または斜め下に向け、前足を片方もち上げ、ピンと立てた両耳を気になる方向に固定する。お気に入りの場所に陣取って伏せ、穴を真横にして立てた両耳を近づければ、まもなく目を閉じて、うとうとする前ぶれだ。

前を行くラスティの表情は、私には見えない。しかし、耳の緊張度

と、しっぽの向きと、後からでも見える口もとの様子で、その時どきのラスティの気分はかなりわかる。先まわりをしてラスティの気分を読みとり、分かれ道で、ラスティが行きたがっている方の道を選んでやったりすると、まるで私を従えて先導している、とでもいいたげの、何ともいえない得意そうな口もとになる。散歩の途中の、楽しいゲームだ。

耳 2

ラスティは、信じられないほど耳がいい。

朝、まだ雨戸が締まっているうちから、家の中の物音にきき耳をたてているらしい。私がベッドからストンと音をさせておりると、すかさずグワンと吠える。音をさせないように抜け出した時は吠えない。服を着て、洗面所の蛇口をひねったとたんにワン。台所に行って、ガスコンロをパチンと点火すればまたワン。私が食事の準備をしている間、吠え方はエスカレートしてくるが、それでも二連発どまりだ。ところが、いよいよラスティにドッグフードをやる段になり紙袋を開いたとたん、四連発になる。紙袋のガサガサいう音は意外に大きいのかもしれないし、袋をあけたとたんに、ラスティにとって強い餌の臭いがたちのぼるのかもしれない。そう思って、前の晩から袋の口をあけておいた。そして、なるべく音がしないように、カップ一杯すくった。するとたんに四連発。一度もこの音をききのがしたことがない。はじめは、私の臭いが移動するのを追っているのだろうと思っていたが、ここまでになると、におい説だけでは説明しきれない。

昼間。出かけるために合羽を着たり、ガラス戸をロックしたり、電灯を消したり、小さいけれど何やかや音をさせて仕度を始めると、それまで丸くなったり全部の足を投げ出してねそべっていたラスティは、耳をビクッとさせて起き上がる。小屋の中に居ても出てきて、耳と目に神経を集中させて、私の動きを追う。

午後三時。ラスティにとって一日で一番うれしい餌の時刻だ。ホテ

ルのチャイムの音が風にのってくる。しかしラスティは、三時のチャイムと餌とを、全く関連づけていない。家の中の私をずっと監視しながら、伏せたり、前足の上にあごをのせて待っている。私が椅子を後に引いて立ち上がると、ラスティも立ち上がり、耳をピンと立てる。決定的な餌のサインは、ステンレスのボールに水道の水を入れるチャランという音だ。この音は、小屋の中にいてもききのがさない。すぐに出てきて伸びをする。三時以外にこの音をさせても知らん顔をしている。もしボールがプラスチックだったり、水をやかんから注いだような時は、立ち上がらない。小屋にいる時は、顔をのぞかせるだけで、出てはこない。

知っている車は、確実にきき分ける。ことに、三台のタクシー、時々遊んでもらう新聞屋さんの車、おばあちゃんや私の友人の車は、どんな雨の日でも必ず小屋の外に出て、吠え分けながら待つ。おばあちゃんはタクシーで外出する時、ラスティが小屋から出るのを合図に靴をはく。一分足らずで、タクシーが到着する。ラスティは、車の音と人の臭いのどちらに反応しているのだろう。

一般に、イヌに命令する時は、なるべく大声で強い調子で言うのが良いとされているようだ。しかしラスティは、小さく静かに声をかける時の方が、私のことばによく従う。小さな小さな音もきき分けているラスティにとって、人間社会とは轟音ひびきわたる、とんでもない世界なのではなかろうか。静かな野辺山で、そっと、静かに飼いたい。

雪　*1*

新雪。タイヤのあとも長靴のあとも無い雪の上に、動物の大小の足跡が交差している。ベランダには、ネコ、リス、ネズミ。生ごみ穴付近には、ネコ、キツネ。ラスティの小屋から三メートルしか離れていないところに、キジ、ウサギ。通りに出れば、ネコ、キツネ。そして畑に、キツネ、シカ。ひと晩の間に、こんなにもたくさんの動物がすぐそばに来ていたのだ。ラスティが見つけた知らない足跡が、調べてみたらテンだったこともある。

雪が無い時は、ラスティが何のあとを追って嗅ぎまわっているのか、ほとんどわからなかった。ヨモギやオオバコや牧草、大きな石、電柱などの臭いをかいだりなめたりしては、おしっこをかけて通って行くのだが、何を気にしているのか、臭いのほかは手がかりがない。しかし、雪の降り積もった朝は、雪の色やくっきりした足跡から、明け方にそこをネコが通ったとか、ゆうべのラスティの大騒ぎの原因は六頭のシカにあったのだとか、リスがどの木から降りてどの木へ登った、というようなことが私にもわかる。アナグマやキツネなど、用心深い動物の巣のありかもわかってしまう。最近野辺山ではタヌキが激減していること、アナグマが多いことなども、雪がおしえてくれる。

眺めるだけだった野辺山の自然は、ラスティと共に歩くようになって、身近なものになった。雪が積もると、さらに広く、奥深く感じられる。

雪　2

野辺山に暮らすようになってまず感嘆したのは、雪が降ると道が白くなる、ということだった。細く長く遠のいていく白い道を眺めるために、牧場の一番上のひらまで行ってみたりした。新雪をラッセルするのは私だ。いつも先を行くラスティが、この時だけは、ちゃっかり後にまわってついてくる。

積もった雪は味がなく、冷たくもなく、頼りない。握ってラスティに差し出しても、反応がない。それで、イヌは雪や氷を食べないのだろう、と思っていた。

ところが、ある冬の散歩の時。それは、初端にキツネと出会い、次がシカ、という一大イベントのあった日だ。ラスティは舌が青く見えるほど興奮して走り続けていたが、突然そばの雪をバクバクバクバクと食べた。走るのはやめない。何度も雪を食べながらシカを追うラスティは、飼いイヌというよりは、野生動物のようだった。

散歩

毎朝の散歩コースはラスティが決める。鎖をはずして散歩用の赤いひもにつなぎかえると、チョコッとおすわりして、ただちに、その日行きたい方向に突進する。前日の道には絶対に行かない。おとといのなら、かまわないらしい。ルートは一筆書き。崖っぷちにたどりついたり、よそのお宅に行き当たってしまった時のほかは、同じ道をもどることがない。この日替わりメニューのぜいたくに加えて、月に一〜二度は、三時間の特別メニューもある。

ラスティのお気に入りのコースは、イヌ通りの多いところ。吠えら

れっぱなしのくせに、時にはかみつかれもするくせに、野辺山じゅうのイヌにあいさつしてまわる。コースごとにちがうが、毎朝二〇〜三〇匹のイヌに会う。クロ、シロ、チャッピー。ムク、プチ、ジャンボ。ゴロ、ペロ、ピーコ、といった、からだやしぐさの特徴をとらえた名前、シシマル、キクノスケといった姿ともども立派なシバイヌの名前など、飼い主の名前は知らなくても、イヌの名前は三〇以上覚えた。

ラスティの希望通りの散歩につきあっている私は、皆から笑われてしまう。なめられている。イヌを甘やかしている。ラスティに散歩されている。どれもそのとおりなのだけれど、私にも思いがある。

野良イヌだったラスティの自由を私は奪って、とらわれの身にしてしまった。捕獲されて保健所に送られてはかわいそう、と思ったのはたしかだ。しかし、もしかしたら、山中での自由な一生があったかもしれない。私の感傷は、その自由を奪ったのかもしれないと、いつも心のどこかにひっかかっている。せめて散歩の時だけでも、思う存分自由にふるまわせてやりたい。野辺山という豊かな自然の中で生きる偶然を得たのだから、できるだけイヌの本性のままにさせてやりたい。だいいちラスティは、餌は「まだっ」の一声でがまんできるのに、散歩はどうしても待ちきれないほど好きなのだから。

どんなにラスティのわがままに振り回されても、ラスティのお伴は楽しい。ラスティも毎日大満足のように見える。四足を投げ出して、見ているこちらまでしあわせになるほど、しあわせそうに寝ている。

角の壁掛

ラスティがまだ居なかった頃、夏の山でシカを見かけても、角のないシカばかりだった。今、冬にラスティと共に牧場で出会うシカの群には、立派な角のある大シカが必ずいる。もしかしたら、シカは春になると、角を落としてしまうのかもしれない。もしそうだったら、春先には角が拾えるかもしれない。探してみることにした。

四月の終りの牧場で、ラスティが行きたがる方向を見ると、いく筋ものけもの道が絡み合っている。私には、キツネの道もシカの道も、古い道も新しい道も判然とはしない。

さて、ここで、ラスティと私の共同作業にはいる。ラスティは何といってもまずシカの道をとる。目の前をキツネやアナグマが通り過ぎた時は別だが、古さが同じくらいなら、必ずシカの道をとる。それがシカの道だということは、途中のおびただしい糞で、私にもわかる。こうしてラスティに道を選んでもらい、シカの群があちこち遊動したあとをたどって、私たちも右往左往しつつ、牧場のへりまで来る。

ここから先は私の出番。ラスティは自分が通れる高さのすき間をぬって林の中を進んで行こうとするが、待てよ、このすき間はシカには無理だ。それで私は、シカが通れそうで、かつ、角があればひっかかってしまうような枝ぶりの場所を選ぶ。推理適中。一本落ちていた。ずっしり重い。付近を見わたすと、もう一本ある。大きさは多少ちがうが、どちらも落ち口が白く、左右一本ずつで対になる。

五月七日のおばあちゃんの誕生日に、ラスティと私は、シカの角の壁掛をプレゼントすることができた。ラスティと一緒に野山をかけめぐるわけにはいかないおばあちゃんはとても喜んで、シカの角と共に写真におさまった。

予防注射

役場から、狂犬病予防注射を受けるように、とハガキが来た。当日、ラスティは二度目の散歩に上気嫌で、すなおに会場へ向かった。ところが、会場の直前でストライキ。トラックの荷台で吠えるイヌ。マイカーの窓からのぞくイヌ。けんかするイヌ。二〇匹くらいのイヌと車で、広場はたいへんなさわぎだった。赤い舌を長く出したラスティは、ハッハッハッハッハッと大きな息をして、ビクともしない。何をされても動かないぞ、と決めたようだった。私は注射をあきらめて、連れ帰った。

半年後、役場からまたハガキが来た。今度は、ラスティが一番のりだった。目にもとまらぬ速さで首の後に打ってもらって、ラスティはキョトンとしていた。

一年が過ぎ、注射の時期になった。今度も一番のりをしようと思って行ったが、会場に着いた時には、もう何匹か来ていた。運悪く、ラスティと相性の悪いのもいる。ラスティは、吠えたり、逃げたり、向かっていったり、大あばれにあばれた。私は、やっとのことで会場のすみに連れて行き、全部のイヌが帰るまで待った。獣医さんが近づくと、またもや逃げまわるラスティを両足ではさんで、のどや耳のあたりをなでていると、「はい、おしまい」と、後で声がした。おしりに注射をしてもらったのだ。

ラスティは、注射そのものは平気らしい。次もまた、なでている間に、おしりに打ってもらうことにしよう。

ラスティのことば　1

ラスティは、人間や他の動物との関係を、吠えて表す。その声としぐさは、相手と情況とによって、千差万別だ。

相手がイヌの場合。互いに、会ったとたんに優劣がわかるらしい。肉屋さんの老犬がいなくなって、ラスティには、自分より弱いイヌは一匹もいない。対等のイヌが一匹いるだけだ。百匹ほどいる散歩コースの他のイヌは、全部ラスティより強いらしい。遠くからラスティを見つけて吠えている。一方ラスティは、吠えかえすことはなく、しっぽを上にあげ、頭を下げ、時にはクーとかいって、足早に通りすぎる。

もし、放されているイヌに出会ってしまったような時は、相性次第。両方とも知らんぷりか、相手がラスティに激しくとびかかってくるかだ。ラスティの背中としっぽのつけ根は、よそのイヌに血が出るほどかまれることも度々で、そこだけ毛がうすくなっている。こんな時、私が引離すまで、一応ラスティも必死で抵抗するが、ほとんど吠えない。ところが、散歩中のプードルと、車で通り過ぎる二匹のポインターに出会う時は例外で、いつも猛烈に吠える。プードルとポインターというのは、ただの偶然だろうか。それとも、雑種ラスティのルーツと、何か関係があるのだろうか。ラスティは威嚇しているのだろうか。こわがっているのだろうか。もう少し色々な場面を見ないと、何とも言えない。ごくまれに、よその家に向かってラスティが一声だけ吠えて通り過ぎる時がある。そこのイヌが病気だった、とあとになってわかる。

散歩の途中で、キツネ、アナグマ、タヌキ、カモシカ、リス、ウサギ、イタチなどに出会った時。動物たちは、あっという間にかくれてしまう。ラスティは、姿ではなく足跡を追って行くが、深追いはしない。声も出さない。ところが、シカに出会った時は、全くちがう。際限なく右往左往し、やぶであれ崖であれ追い続け、姿を見失ってもあきらめず、時々立ち止まっては鋭い声を発する。本能的にどうしようもない、というような声だ。

ネコは、非常にいやがって吠えるか、完全に無視するかに分かれる。どんなにラスティが吠えても、道をゆずらないトラネコもいる。一メートルまで接近した時、横に跳んで急いで通り抜けるのは、いつもラスティだ。

ウシは、ちょっぴりこわいらしい。柵近くにいるウシは、ラスティを見ると、トット、トット、トット、トットとかけ寄ってきて、大集

団になる。ラスティは吠えずに、ちらちら振り返りながら、横歩きのような姿勢で通り過ぎる。一頭だけ、ラスティが一声吠えて行くジャージー種の老牛は、背骨とあばら骨が浮き出ていて、いつも日なたで横になっている。

鳥のなかでは、キジに特別の関心があり、必ず発見して追うが、キジの声には全く反応しない。飛びたってしまえばあきらめる。次がニワトリ。ハトやカラスや猛きん類は追わない。小鳥も追わない。コガラがラスティの餌入れの中に舞いおりても、ラスティは平然としている。

こんなふうに、相手の動物が何であるかによって接し方がちがうから、夜中にラスティが吠え出した時、その声の調子で、シカの群が近くまで来ているのか、ベランダにネコが忍び寄ったのかがわかる。冬なら、翌朝雪の上を見て、たしかめることができる。

海ノ口牧場への曲がり角より

菜園より／春かすみ

牧草の刈り取り

相手が人間の場合、道を通る知らない人には、めったに吠えない。たまに吠えても、知らない人なので、私には理由がわからない。もし、ネコやイヌを連れていれば吠える。そして、一声吠えたあとに、必ず私の方に走ってきて、じっと見てから、また吠えにもどっていく。何かを報告しているかのようだ。

週末に滞在する別荘の人やおばあちゃんの友だちなど、よく知っている人は、全部区別してなき分ける。郵便、新聞、宅配便、電気の検針、ガスボンベの交換などは吠えない。ラスティの前を通っても、知らんぷりで寝ころんでいる。

ラスティは、野辺山の家の主人がおばあちゃんであることを知っている。おばあちゃんのお出かけとお帰りの時は、正座して威儀を正す。そして、チョコレートやクッキーを期待して、特別の声で吠える。もちろん、この期待が裏切られることはない。ラスティはますますおばあちゃんを尊敬し、ますます特別の声になる。

私はラスティから見ると、まだこわれたことのないランニングマシーン兼自動餌やり機らしい。この機械は、時間になると餌を出すが、吠えないと散歩についてこない。それでラスティは、毎日まず吠えて、この機械を散歩につれだす。逆らうこともあるが、おおむね忠実な家来だ。

ラスティのことば　2

ラスティが来た翌朝、私は、今まで聞いたこともない何やら歌声のような、あくびのような声で起こされた。しばらくして、それがイヌの吠える声にかわり、そうだ、ラスティが居るんだった、と思い出した。

はじめの一週間、ラスティはほとんど一日中吠えていた。かわいそうにとも、たいへんなものをかかえてしまったとも思ったが、よそでは一日中吠えているイヌなどいない、ということに気がついた。イヌが吠えるのは、何かの表現にちがいない。おなかがすいた、走りたい、こわい、痛い…。けんめいに語りかけていることばなのだろう。そう思って聞くと、ラスティのなき声は、音色も高さも長さも強さも、複雑で多様だった。

ラスティのことばは、大きく二種類に分かれる。ひとつは、うれしいとかいやだといった感情の表現で、その気持ちがうすれるとなきやむ。もうひとつは、要求の表現で、要求が満たされるとなきやむ。

〈安心とよろこび〉

畑や買物から帰ってくると、ラスティがウォンウォーンと吠えながら待っているのが聞こえてくる。「ただいま」と声をかけると、大声であくびをする。この組み合わせは、緊張がとけた時や、期待通りになるとわかった時のことばだ。ラスティを残して皆で外出し、夕方帰宅したような時、ラスティは全身でよろこぶ。頭を何度も上げ、高目

のはずんだ大声で四発ずつ吠えながら、かけまわったりとびついたりする。心底ほっとした時のことばだ。

〈不安と恐怖〉

冬のあらし。風速二〇メートルの西風がぶっ通しで吹き荒れ、カラマツが根元からしなる夜。ラスティは小屋から出て、風上の赤岳に向かって闇の中にじっと立ち、いつまでもクーンクーンとなき続ける。不安または恐怖を感じている時の声だ。出て行ってなでていると落ち着いてきて、「ねんね」と言えば小屋にもどる。上目づかいにしばらく伏せているが、やがて一番奥で丸くなる。

ラスティは、私が午前中家庭菜園に行って昼前にもどり、午後は買物に行って餌までにもどる、ということを覚えた。見送るが吠えない。そのかわり、他の時刻に外出しようとすればたいへんだ。不安げにクーンクーンといいながら、私から目をはなさない。自転車で大通りに出てからも、なき声がきこえてくる。
散歩の途中で景色をながめながら立ち止まると、ラスティはクーンといいながら寄ってくる。写真をとるでもなし、合羽を着るわけでもなし、理由がわからなくて不安なのかもしれない。

〈不満〉

立ち止まった時、上着をぬいだりハンカチをとり出したり、何らかの動作があれば、ラスティは静かに待つ。私がもたもたしていると、だまってあくびをする。いよいよがまんができなくなると、アアオオンといいながら大あくびをする。不満のことばだ。何かが期待はずれとわかった時もだまってあくびをし、非常にがっかりすれば声が出る。

〈不快〉

口をこじあけて、かみついている汚い物を引っぱり出す時や、耳についたダニをつまんで引き抜く時は、イーヤーッ、ヒィーッとないてひるむ。

〈空腹〉

ラスティはおなかがすいたり、のどが乾わいても吠えない。一日一回三時の餌も、吠えて催促することはない。たまに二時半ころ、キーッとかクックーンということがあるが、「まだっ」で納得。静かに三時を待つ。散歩中は、小さな骨のかけらにもとびつき、あちこちの生ごみ穴に突進するラスティからは、想像もつかない。

〈苦痛〉

ラスティの体調が吠え方でわかるといいと思うが、ラスティは苦痛を吠えて訴えることがなく、今のところ、これはだめだ。けがなど、私からみれば苦痛にちがいないと思われる時でも吠えない。マイナス三〇度の一月下旬。ラスティの背中にさわると、瀬戸物のように固くて冷たい。いくらイヌでも寒かろうと思う日々だが、ラスティはおとなしく丸くなっている。私がうっかり後足をふんずけてしまったことがある。ラスティは小さな声でキュッといっただけで、振り向きもしなかった。腐ったサンマを拾い食いして、すぐに具合が悪くなった時も、カサカサの鼻と三角の目を向けてしがみつき、歩こうとしなかったが、声は出さなかった。全身けいれんし、泡をふいて、足腰が立たなくなった時も、声は全くたてなかった。

〈要求〉

ラスティは吠えて餌を要求することがないから、散歩が唯一の要求といえる。この要求が通るまで、ラスティはあの手この手でさわぎたてる。

朝、明かるくなってくると、ラスティは小屋から出て、グワンと「おはよう」のあいさつをする。いったん静かになるが、再びグワン。私への「起きろっ」の号令だ。私が身仕度をすませるまで、ラスティはヒャーッ、キユーッ、ウァォン、クックーンとなく。まるで歌っているように、メロディーがついている。音域は人間の女声あたりで、一～二オクターブはありそうだ。ラスティの歌はドレミファの音階にのっていないので、せっかくのプレリュードを五線譜に移すことができない。ひとしきり歌ったあとは、もうワンワンワンワン（散歩散歩散歩散歩）の一点張り。「静かにっ」「だめっ」「まだっ」「まてっ」のどれもきかない。

散歩から帰ったあとは、何ごともなければ翌朝まで吠えない。雪の夜などは、あまりにも静かなので、「居ないみたいだね」「ものたりないくらいだね」とおばあちゃんに声をかけてしまう。

まれに、夕方も歌うことがある。朝よりずっとひかえ目の細い声で、クックックックックーンとか、ピヨピヨと歌う。二時間近く歌っていることもある。歌詞がどうしてもわからないのだが、きっと、夕方にも散歩がしたいのだろう。

〈せきばらい〉

感情の表現とはいえず、何かの要求でもないひとことがある。ラスティは、朝目がさめた時と、夜中のトイレのあと小屋にもどる時と、ひとしきり吠えてこれでおしまいという時に、ひときわ大きな声でグワンと吠える。かなりごつい声なので、はじめは怒っているのかと思ったが、怒りの対象がみあたらない。どうやら、自分の存在を示そうとする時のことばのようだ。人間でいえば、せきばらいに当たる。家の中でにぎやかにおしゃべりしている時も、よくこのグワンがきこえてくる。「ラスティも居るよ」と言っているのだろう。

ラスティは、自分の気持ちを確実になき分けている。もし、今までにきかれなかった調子でなくなら、必ず何か新しい事態が生じている。私のほうもそれらを聞きわけていきたい。

特効薬

冬のあいだ、秋にまいたライ麦などの緑しかなかった野辺山も、五月の末には、山も林も野も畑も、様々な色あいの緑でいっぱいになる。

ライ麦が二〇センチほどになる一〇月と新緑の頃、ラスティはよく道草を食う。草のどんなところを区別しているのか。臭いなのか形なのかよくわからないが、とんがった草だけを選んで食べ進んでいく。やわらかそうな牧草だけでなく、林床のスゲ類の若葉も食べる。とんがっている新芽でも、アヤメやススキは食べない。細い葉を、これまたとんがった歯でちぎるのだから、能率はかなり悪い。それでも、ある分量食べて満足するまでは、「もういいよ」と声をかけても食べ続ける。

再び歩き出してから五～一五分たつと、道からちょっとはずれた所にかけ込んでいく。そして、腹を激しくふくらませたり縮めたりして、先ほど食べた草を吐き出す。道で拾い食いした物を一緒に吐き出すことが多い。前日の餌の不消化物が、食べたばかりの長い青草と共にうんちとして出て、まだ一五分しかたっていないのに、とびっくりしたこともある。

ラスティは、餌の分量と食べる時刻が一定なので、トイレの時刻と回数と量が一定だ。何かの原因で定時に出なかった時や、よくない物を食べてしまった時に、このように草を食べて排出して身を守る、そんな力がラスティには備わっているようだ。

杣添川遡行

牧場の一番上のひらまで、動物の臭いをかぎながら右往左往して登ってきたラスティが、しきりに杣添川の方に行きたがる。つきあってやぶこぎをし、右岸の崖の上に出た。崩落していない場所を選んで石河原へおり、渡れる深さになるまで、上流に向かってみた。近ごろのラスティは、少々水が深く流れが急でも尻込みしない。左岸に渡った。ラスティは岩と岩のすきまをぬって、どんどん上流に向かう。しばらくして壁のような岩かげをまわったとたん、ラスティが立ち止まってしまった。見れば、前方に大きくて黒い生き物がいる。別荘のイヌか。

イノシシか。クマか。私たちもあちらも、じっと立ちつくす。一五メートルしかない。霧の中、目をこらすと、胸元が白っぽい。ああ、カモシカか。ほっとはしたものの、向かってくるのかどうか、見当がつかない。三分余りたってしびれを切らした私は、ラスティをうながして一歩踏み出してみた。するとあちらはのっそりと向きを変え、重そうな図体なのに、あっという間に急な崖をかけ登って、新緑の木立にまぎれてしまった。シカに出会った時とちがって、ラスティは一声も発しない。それ以上追いもしなかった。

緊張がとけた耳に、野鳥のさえずりがもどってくる。カッコウはまだだが、コルリが、ウグイスやアカハラに負けないほど、あちこちで高らかに歌っている。コマドリも一羽いて、コルリよりさらに澄んだ声を、林いっぱいに響かせている。

消えはじめた朝霧の向うから、濃い紅色のヤマザクラや、真白な花をたいらに並べたオオカメノキが浮かび上がってくる。明かるくなった林床が一面淡紫色に見えるのは、スミレの群生。コゴミはもう開きすぎのようだ。

黒いつぶてが木から木へ、下から上へ、すばやく移っていく。ラスティが反応すれば、そこにリスがいる。反応しなければ、アカゲラだ。楽しみを次回に残して帰路につく。千ヶ滝の橋のたもとに寄ってみれば、穴の外のひなたに、大きなシマヘビがいる。先日見た時は、若いアオダイショウだった。同じ穴を使っているのだろうか。

来年も、同じ頃、同じ場所を、ラスティと共にたずねよう。同じ草木、同じ鳥、同じ動物に会いに。

千ヶ滝コース

杣添川の堰の下手に、千ヶ滝というかわいらしい滝がある。堰を越えてきた水が流れ落ちる三メートル足らずの滝だ。岩を湿らせているだけの秋にはカエデの落葉が映え、雪どけから梅雨あけ頃までは、しぶきに虹がかかる。しぶきを受けて大きな葉をゆらしているヤグルマソウや、枯草のように地味なオニノヤガラなど、野辺山の他所ではあまり見ない野草が咲く頃は、この谷に野鳥のさえずりが満ちる。コルリとコマドリのさえずりのちがいをたしかめるなら、ここが一番だ。必ずきくことができる。マミジロのさびしげなピョロンという声もき

こえてくる。

ラスティにとって、ここはリスに会える場所だ。落葉がふかふかして足をとられる林床をかけまわって、リスを追う。両岸は急な雑木林だが、シカは左から右へ、右から左へ、苦もなく渡っていく。この斜面から左岸の牧場にはいあがれば、明かるい別天地。今度は、キツネの親子に会える。胸の白い子ギツネをはじめて見た時、ラスティは前足を片方もち上げて、しばらくじっと見つめた後、猛然と追った。

起伏の多い広大な牧場は、沢と雑木林でいくつにも区切られ、それぞれ、アヤメの群生地、マツムシソウの群生地など、個性的な草原になっている。所々に目印のように立つシラカバは、他のどこのよりも太い。右岸にくらべて、落葉樹の種類が多く、新緑も紅葉も多彩だ。

赤岳を背に、東にはるか川上郷を見おろしながら、ラスティに従う。使われなくなって一〇年はたつのだろう。すっかり野バラがはびこってしまった岩だらけの牧場を、ラスティとつながって走り下るのは少々きつい。しかし、どの季節も楽しめるコースだ。

色光影

にわか雨が通り過ぎた。ラスティは身ぶるいしてしぶきをとばす。「ほら、虹が出そうだよ」と言いながら見まわすと、本当に虹が出ていることがよくある。

雲の流れにつれて、あちらに現われたりこちらが消えたり、濃くなったりうすれたりする半円形の大虹。四月のはじめ、霧雨があがりかけた時に、朝日のすぐ右側に現われた虹。ひとに話したら、朝の虹は西の空に出るものだ、とわらわれた。光冠現象というそうだ。初夏のにわか雨。木立にかけこめば、目の前のレタス畑から、二本の虹が立ち上がっている。内側の虹は外が赤色の普通の虹だが、外側の虹は色の順序が逆で、外が紫色だ。二重の虹は、くっつきそうに近いことも、かなり離れていることもある。八ヶ岳全体をすっぽりおさめた時雨虹は雄大そのもの。手をこすり、足ぶみしながら、消えるまで見とれる。ただ、ラスティには、この小休止は全く不可解。しがみついたりひっかいたりして、先へ行こうと催促する。虹からおいしい臭いがしてくるわけではないし、イヌは色がわからないらしいから仕方がない。

ラスティは、目があまりよくないように思われる。二〇メートルほど先の線路の向こうに、アナグマが二匹じっとしている。ラスティは立ち止まってキョロキョロしたり、後足で立ち上がるが、視線が定まらない。ラスティの目の高さまでかがんでみたが、私にはよく見える。やがて片方のアナグマが横を向いた。この動きで、ラスティははじめてアナグマの居る場所がわかった。

秋、ジバチとりの人がしかけたサケやタラの皮が、林の中にぶら下がっている。風のない日、ラスティは鼻を真上に向けてしばらく探しているが、見つけられない。魚が風にゆれていれば、とびついてせしめる。

色で物を見分けないラスティは、物の動きと陰影に敏感だ。道路に落ちている小さなかけらは、私にはなかなかわからない。ラスティは、遠くからでもわずかな影を見とがめて、とびかかる。紙きれやポリ袋など、ひらひらしたものも、すぐ気がつく。うす暗い林の中に、ラスティが突然とび込んでいくことがある。やがて私も目がなれて、ラスティの視線の先の木に、リスが見えかくれしているのがわかる。

同じ景色を、私とは全くちがってとらえているラスティ。虹を見るたびに、一度ラスティになりかわって、この人間社会を見たいものだと思う。

水場

野辺山にはいたる所に小さな流れがあるが、ラスティは夏でも、散歩の途中で水を飲まない。それで、暑そうにしているわりには、のどは乾いていないのだろうと思っていた。たまに沢に下りて飲むことがあれば、ああ、のどが乾いたのだな、と飲み終わるのを待つだけだった。しかしそのうちに、ラスティの水飲み場が決まっていることに気づいた。三ヶ所あって、どこも一年中涸れない、細いわき水の流れだ。雪どけ時だけの流れや、大雨のあとだけの流れでは飲まない。

野辺山の水は少し甘味があって、とてもおいしい。遊びに来た人たちは、お茶やコーヒーがおいしいからと言って、一升びんにつめて持って帰る。ラスティも、野辺山の水が好きらしい。

ゆっくり　おやすみ

散歩から帰ってラスティに水をやると、やっと私自身の一日が始まる。コーヒーをいれながら外を見やる。日の当たる青草の上で、四足を投げ出してラスティが寝ている。身じろぎもせず、時折、耳としっぽで虫を払いのけるだけだ。キセキレイがすぐそばまでやってくるが、目もあけない。安心しきっているようなこの寝相が、私はいちばん好きだ。この姿をみんなに見せたいとも思う。しかし、よその人が近づけば、すぐに姿勢を変えてしまうので、写真でしか見てもらうことができない。

日中、ラスティは丸くなっていることが多いが、伏せの姿勢のまま目だけ閉じ、人間と同じように、こっくりこっくり舟をこぐこともある。一日中、熟睡することはないようだ。伏せて、その前足にあごをのせてうとうとするのは、餌を催促して「まだっ」と言われた時。小屋にはいってしまい、顔だけのぞかせて待ったりもする。

小屋を作ってやった晩、ラスティは小屋の外で寝た。木の根元で丸くなり、夜中にどしゃ降りになったが、そのままだった。次の日、念入りに小屋の上、下、内、外の臭いを嗅ぎ、何度も首だけつっこんだあと、前半身だけ出たりはいったりし、やっと全身が小屋にはいるまでには、小一時間かかった。しかし、いったんはいったあとは、もうお城。今では、何かあると、すぐ小屋にはいって丸くなる。「ねんね」という言葉もおぼえた。まだその気になっていない時に「ねんね」と言われれば、すかさず「ワン」と口ごたえする。逆に、早く言ってく

れないかなあ、というようにとろんとした目で見ながら、入口でおすわりしていることもある。「ねんねっ」と言えば、待ってましたとばかりにねんねする。

ラスティは寝言をいう。ラスティがないたような、そうでないようなフニャーッと言う声がしたので外を見たが、ラスティは丸くなって寝ている。ラスティの声ではなかったのかと思ったとたん、もう一度ラスティがフニャーッといい、すやすや寝ていた。イヌも夢を見るのだろうか。

猛犬ハチ

五歳に近づくにつれ、ラスティの性質が少し変わってきた。攻撃性が出てきたのだ。

この春以来、五回かみつかれている曲り角の猛犬に対して、ラスティは連日自ら雪辱戦に挑んでいる。

一日目。今までと同じように、ラスティは背中と首をかまれた。

二日目。猛犬は珍しくつながれていた。ラスティは背中の毛を逆立て、うなり、「おい、出て来いっ」とばかりに吠え、通り過ぎた。はじめて、ラスティの背中の毛が逆立つのを見た。これは、ラスティからの大きな信号だ。

三日目。牧草地のはずれで、曲り角の猛犬に出会った。ラスティの背中の毛は、首のあたりからしっぽにかけて、見る見る逆立っていった。頭を少し下げ、ゆっくり前進するラスティ。一方猛犬は、時々ラスティの方をふり返りながら帰っていった。この牧草地は、猛犬のテリトリーの外だったのだろうか。

四日目。ラスティは家を出るなり、曲り角の家への最短ルートを選んだ。国道の向こう側でラスティをみつけた猛犬は、歯をむき出してうなったり吠えたりしている。その時、大きな輸送トラックが数台疾走し、二匹のイヌをひきはなした。

五日目。久しぶりにラスティは猛犬コースをとらなかった。しかし、やはり決着をつける気になったのだろうか。帰り道は猛犬コースになった。七時になれば、猛犬はつながれる。私は、曲り角にさしかかる

時刻を調節し、何とかこのイヌがつながれたあとに通ることができた。ラスティは、背中の毛を逆立て、うなり、吠え、向かっていこうとしたが、「帰る」と言われて従った。

九日目。けんかは一瞬のできごとだった。曲り角からとび出した猛犬とラスティは、ギャンとぶつかりあったが、私がひきはなすより早く猛犬のほうからはなれ、家に帰っていった。「ハチ」と猛犬を呼ぶ声がきこえてきた。ラスティはじっと立っている。脇腹に血をにじませ、舌にも血がついている。引きよせてなでていると、逆立っていた背中がたいらになった。

気がすんだかのように、その後ラスティは猛犬コースにあまり来ない。

モグラとヒキガエル

春、花壇のあちこちに穴があいた。ネズミの穴くらいだが、ラスティはさわがずにそばを行き来する。チューリップのつぼみが立ち上がっていたのにいっこうに咲かない、と思って見に行けば、球根が全部なくなっている。穴のぬしはモグラだった。

ラスティはモグラが苦手だ。道でモグラを見かければ、無視するというよりは、横にそれたりとび越したりし、あきらかに避けている。ヤマネの毛皮の上にねころんだり、ハタネズミをとらえたりするのに、ラスティはモグラのどこがそんなにいやなのだろう。私には、どれも似たようなものに思われる。

梅雨があけた頃、ラスティの小屋のすぐわきの地面に、また穴があいた。春の穴に似ている。もう食われる球根もない、とあまり気にとめずにいるうちに忘れた。すると、毎日、ボーッボーッという低音がきこえるようになった。ヒキガエルだ。

ラスティがヒキガエルにはじめて対面した時、ちょうど私も居合わせた。穴から、人間のこぶしほどの黄土色のかたまりが出てきた。両脇に、金色の帯がある。ラスティはすばやく鼻を近づけ、すばやくひっこめた。二～三回くりかえしたあと、今度は前足を出しかけたが結局出さず、また鼻先でこづいた。ヒキガエルはじっとがまんしている。ラスティは興味を失って、小屋にもぐりこんだ。その後、道でヒキガエルに出会った時は、無視して通りすぎた。

夏じゅう、ボーッボーッという声がラスティの小屋のほうからきこえてきた。「住み分けているね」「ラスティのためにもネズミでなくてよかったね」と、おばあちゃんと私は笑った。

涼を求めて

標高一五〇〇メートルの高原をわが物顔で走りまわって帰ったあと、ラスティの自由は、半径二メートルの円形の地べたに限られる。文字通り、雲泥の差だ。その限られた中で、ラスティはたえず移動し、姿勢をかえる。

ラスティはぬれた地面がきらいだ。雨の日は、一日中小屋にいる。降っていなくても地面がぬれていれば、小屋にはいってしまう。さぞきゅうくつでつまらなかろう、と思い、乾いたダンボールを草の上に置いてみた。ラスティはすぐに小屋から出て、ダンボールの上で丸く

なった。そこで、小屋の前にひさしをさしかけ、すのこを作って置いた。ラスティは、その日の天気に応じて、小屋とすのこと草とダンボールの間を、たえず移動している。

近所のショウチャンの小屋のまわりにはくぼみがいくつもあり、ペロの小屋は下に穴が掘ってあるので、いつもかしいでいる。からだを冷やすためにイヌが自分で掘った、と飼い主たちは説明してくれた。ラスティは穴は掘らない。場所をかえて、からだを冷やしているのだろうか。

トマト

イヌの先輩は、「イヌなんか残飯でいい」と言う。「ドッグフードが栄養のバランスがとれていて良い」とも言う。しかし、うちでは残飯は出ないし、毎日ドッグフードというのは気がすすまない。というわけで、ラスティの餌は特製の定食に落ちついた。

朝はドッグフード一五〇グラムと水カップ一杯。午後三時のディナーは一キロのドカ弁。ご飯一合とミキサーにかけた野菜のグチャグチャ煮と、魚または肉で、塩気はない。フルーツが付く時もある。この餌に牛乳をかけて木の桶に入れてやると、狂喜乱舞。欣喜雀躍。おすわりしても、すぐに腰が浮いてしまう。それでも、「おすわり」「まて」「まだ」を全部理解し、餌と私の目を交互に見ながら、かたずを飲んで「よし」を待つ。その食べ方ときたら、天変地異が起ころうとも無関心。しっぽを後足の間からおなかの方に巻き込んで、一粒も一滴も残さない。一日待って、五分足らずで食べ終わる。

イヌは肉食なのだろう。私はそう思っていた。ラスティを飼うことにした時は、ウィスキーもやめてラスティのために肉を買わなければ、とひそかに決心した。ところが、ラスティは雑食だった。自分用の桶に入れてもらった物は、何でも食べた。

何でも食べるが、私としては、なるべくまともな物、好きな物をやりたいと思って観察した。まずわかったのは、大きさが問題だということ。餅や粉ふきいもでさえ、一センチ角ほどの大きさだと、一八時間後にそのままの形で出てしまう。米粒くらいに刻んでやらなければならない。だから、野菜はミキサーにかけて煮る。ブタやトリの骨は、圧力鍋でポロポロにする。

桶に入れた物は残さずに食べたし、食べる順序も決まっていなかったから、嫌いな物はなかなかわからなかった。ひとつ、確実に嫌いだという物がみつかったのは、生のトマトをやった時だ。ご飯に混ぜ込んだ時は食べた。しかし、サイコロに切ったものは、何と、くわえて桶の外に出してしまった。トマトにご飯粒や牛乳がついていればきれいになめて、トマトはつまみ出す。何度かためしたが同じだった。

生のトマトは、ラスティにとって食べ物ではないらしい。桶にはいっていてはいけないのだ。

イタチ

毎年二回、梅雨があけて、花豆のつるが急に伸び出すころと、秋晴れが続いて、実った花豆が乾くころに、牧草が刈りとられる。刈って、広げて、乾かして、一トン近くもあるロールに巻いて、ビニールで密封する作業を、一週間かけて、専用の機械が次々にこなしていく。

うす茶色になった草原には、どこからともなくノスリやトビが集まり、カラスはトビを追いかけて、ネズミを横どりする。モズさえネズミを持ち上げるが、電線まで舞いあがる前に落としてしまう。ラスティは、ネズミだけはとることができるが、とても出る幕がない。牧草地のへりを歩くだけだ。

それでも、ガバッと草むらにとびこんで、死んだイタチをくわえてきたことがある。どんな理由で死んだのかわからない。食べてはたいへん、と私は力いっぱい引っぱるが、ラスティはいっそうがっちりかみつきなおす。あごをつかんで口をこじ開けようとしたが、ラスティの歯は、上と下が歯車のようにかみあっていて、かみついた物が落ちないようになっている。時々首を振ってかみなおしながら、ラスティはイタチを一キロもくわえて歩いた。そして、突然ドサッと落として、臭いもかがずに歩き続けた。数日後、このイタチは、ラスティが捨てた場所の近くにまだあった。ラスティはまたくわえたが、今度はほんの数歩あるいて捨てた。

ニワトリやネコが死んでいると、ラスティは同じようにくらいついて、運んで、捨てる。池の岸に打ち上げられた大きなコイなどは、鼻を近づけるだけで、くわえたこともない。いずれにせよ、食べようとしたことは一度もないので、私も、無理にとりあげるのはやめにした。

モヤモヤ

秋口の一〇日間ほど、ラスティは気分がモヤモヤするらしい。去年の九月のはじめには、夕方五時頃から吠えはじめ、夜中の二時近くまで吠えどおしの日もあった。あの時は、ベランダの下に大きなネズミが出没していたので、そのせいだと思っていた。今年はネズミはいない。それなのに、餌を食べ終わってしばらくすると吠えはじめる。近くをシカが通っていく時のような吠え方だ。ためしに散歩に連れ出してみた。もしシカがいれば、そちらに向かうはずだ。しかし、ラスティはお気に入りの散歩コースを走るだけ。吠える原因は、ラスティの側にあるようだ。

他の時期には前日と同じ散歩コースを選ばないラスティだが、この時期には、毎日同じ方面のコースをとる。ということは、毎日同じイヌに会うということだ。ことに、ペンションのハッピーとグランド近くのコイノボリのことを気にしている。いつもは、ワンともギャンともつかない声でまくしたてるハッピーが、ウォーンと高い調子になっている。いつもは、鎖の長さいっぱいにかけまわって吠えるコイノボリが、じっと立ってしっぽを振る。ラスティは、ウォンウォーンと応えて近づこうとする。ピークは三日間程度だが、この時のラスティは、まったくのわからずやになる。

ラスティのモヤモヤは、半年余り前の一月なかばにも三日ほどあった。その時は、ハッピーだけを気にし、コイノボリの家は急いで通り過ぎるだけだった。半年の間に、何かが変わったらしい。

時期がすぎると、ラスティもハッピーもコイノボリも、もと通りの声と態度にもどる。来年の一月なかばには、どんな様子になるのだろう。

さよなら　バナナ

モヤモヤの直前、ラスティは突然バナナが嫌いになった。それまでは、豚骨の次、というくらい好きだった。道で、中身のない黒くなったバナナの皮を見つけた時は、だいじそうにくわえて数歩運んだものの捨て、捨てたものの振り返り振り返り歩いた。後から見える口もとは、いかにもがっかりした様子だった。青果市場に近づけば、必ずバナナ売場にかけつけ、まわりの笑いをさそった。そんなに好きだったバナナを二〜三切れ残した日、私は残りの房を一本ずつ味見した。別にどうということはなかった。まもなく、ラスティはバナナをまったく食べなくなった。

ほぼ同じ頃から、朝のドッグフードを残すようになった。残す量は毎日多くなり、一週間後には、ほとんど食べなくなった。三時の餌の食べ方も変わってきている。大喜びでとびまわったあと、しっぽを上げて、ゆっくりと落ちついて食べている。

何か、イヌの成長に結びついた変化が起こっているのだろう。

地震　雷　火事

ぐらっとくると、反射的にラスティの小屋に目がいく。イヌ小屋は私の手作りで、防寒と補強をかねて、ぐるりを薪でかこってある。地震の時は、どうしても気になる。ラスティはのっそり出てきて伸びをし、キョトンとした顔で私を見る。私と目が会うと、すぐにのっそり小屋にもどる。だいたいいつもこうだ。イヌ小屋は通りに近い。トラックや観光バスが通るたびに地面がゆれるので、外でくらすラスティは、ゆれには慣れているのかもしれない。

夏の昼すぎや冬の夕方、電灯がちらちらしはじめると、まもなく野

辺山名物の猛烈な雷雨がやってくる。ラスティはおおあわてで小屋からとび出し、天に向かって一発ずつ何回か吠えたあと、縁の下にもぐり込む。縁の下は、しっぽに鼻をのせてまん丸くなると、やっと頭の上にすきまができるくらいで、今のラスティにはせまい。それがいいらしい。私がのぞき込むと、上目づかいに見るだけで、いなずまや雷鳴がおさまるまで、じっとしている。雷雨は何度経験しても慣れない。

夜中に、近所のイヌが遠吠えをはじめる。国道をパトカーが走り、救急車が続いている。消防車があちこちから集まってくる明け方もある。遠吠えは大合唱になる。しかし、ラスティは加わらない。小屋から出もしない。サイレンは平気らしい。

野イチゴ

九月の末、家庭菜園は突然冬模様になる。一夜の霜で、クリーム色のコスモスは一輪も開かないまま倒れ、ホウレンソウは真白に、インゲンマメのさやは黄色にしなびる。赤岳から吹きおろす風がとぎれない。

真夏にはあまり来ない家庭菜園コースにちょくちょく来るのはこの頃だ。カボチャ畑には、ネズミの作ったハロウィンカボチャがごろごろしている。レタスはもう無い。走りまわろうが穴を掘ろうが、ラスティの自由だ。唯一緑のある野イチゴの畝は、決して見のがさない。

鼻をつっこんで、真赤な小粒の実を次々に食べていく。

夏には、ナワシロイチゴとかクマイチゴの熟れて地に落ちたのをよく食べた。オオヤマザクラの黒い実やヤマボウシの大きな赤い実も好きだった。落ちた実はどれも、酸っぱくないのだろう。

ラスティは、酸っぱいものをあまり好まない。リンゴやナシは、小さく切れば芯があっても食べるが、丸ごとの時は芯を残す。ミカンは、どんなに甘くても食べない。人間の食べ物のうちでラスティが食べない数少ない物のひとつがミカンだ。

三歳の記憶

ラスティには、一生忘れないボスがいる。三歳の頃、私の代りに世話をしてくれたミンニャだ。

ミンニャが一年半ぶりに訪ねてくることになった。ラスティには、ミンニャが来ることなどわかるわけがない。「ミンニャのことを覚えているといいね」と話しながら、私とおばあちゃんはずっとラスティの様子を見ていた。

いつものように草の上で丸くなっていたラスティが突然立ち上がり、大通りに向かって坐った。そして、すぐに立って、しっぽをちぎれんばかりに振った。ほとんど同時に、ミンニャが角を曲がってくるのが見えた。ラスティはミンニャに向かって走ろうとするが、鎖が短い。後足で立ち上がって、ウォンウォーンと高い声でないた。ミンニャが近づくと、体当たりしたり、くわえたり、私が見たこともない喜びようだった。

ミンニャは豪快に遊んでくれた。馬乗りになる。顔全体をもみくちゃにする。力まかせに口を開く。横倒しにする。全速力でかけっこをする。前足を二本ともつかんでおさえつける。スリッパをくわえれば、さっと取り上げてあごの下からはたき上げる。ラスティが長い間忘れていた遊びだ。赤岳の林道を七時間かけて横断する遠足にもつれていってくれた。ラスティの目は、キラキラ輝いていた。

「また来年来るからね」といって、ミンニャは帰った。迎えた時の喜びようとは逆に、ラスティは、拍子抜けするほどあっさり別れた。

でも、三歳の記憶は、また来年までどこかにだいじにしまっておくことだろう。

足 *1*

ラスティの足は、前と後で多少役割がちがう。

おしっこをかけたあと、あたりの土をひっかいてはねとばす。前方をよく見るために立ち上がる。前足のつけ根あたりをかく。後足のおもな役割はこのくらいだろうか。

前足は、もう少しデリケートに機能する。すぐそばをダンプカーが通ったり、嫌いなものが近くにいる時など保護を求める場合は、片方の前足を私の足の上にのせたり、両方の前足でしがみつく。番外のお菓子や遊びは、片方の前足を私の手にかけてねだる。シカが近くを通っていく時は、矢も楯もたまらないというように吠えながら、片方の前足で私をひっかく。何かを点検する時の前足の使い方は慎重だ。必ず、まず鼻を使う。鼻先でころがしたり臭いをかいで、それでらちが明かないとなれば、片方の前足を出す。それでも、チョンチョンと小突く程度だ。リンゴなど、大きな獲物をせしめた時は、両方の前足でおさえてかぶりつく。

ラスティは、この前足にさわられるのをきらう。「お手」は知らない。牛馬の糞やモグラなどは、踏まないようにとび越していく。もし踏んでしまったような時は、なめてぬぐいとる。

乾草

台風一過／夕焼け

結氷した千ケ滝

足 *2*

私がラスティと散歩する時にはくゴム長は、一年に三足だめになる。底がうすくなって、水がしみてくるからだ。足の方も、冬ともなれば、四重の靴下、二重の長靴なのに、しもやけがくずれる。

それにひきかえラスティは、雪道も氷の上も焼けたアスファルト道路も素足でかけめぐり、荒れた林のやぶこぎも、小石のごろごろした川原もおかまいなし。いったいどんな足をしているのだろう。四足を投げ出して寝ている時に観察してみた。

ラスティの脚は細くて長い。足先は四つに分かれた四本指だ。それぞれの指の先端に爪がある。前足後足とも、つま先から足のつけ根までに、二ヶ所曲がる部分がある。曲がる向きからいえば、人間の手首とひじ、足首とひざに相当する。となると、ラスティはいつも、つま先で立っていることになる。歩くのも疾走するのもつま先だ。おすわりと伏せの時しか、かかとを地につけない。かかとを地につけた時足の裏になる部分には、各指とその要の位置に、黒いゴムのような球塊がある。かかとの裏にも黒い球塊があるが、これは前足だけ。つま先とかかとの中間に、内側にとび出たかぎ爪があるが、これも前足だけ。どうやら足の裏の黒い球塊が、断熱材耐磨耗材になっていて、ラスティの足の丈夫さの秘密も、ここにありそうだ。

こんなラスティの足に泣き所がある。水たまりは避ける。湿った新雪を踏んだ時は、人間が熱い物に触れた時にするように、足をひっこめてひくひくさせる。切り口が鋭い刈りとったばかりの牧草地も苦手

で、すぐ道路に出ようとする。指と指の間に何かがはさまるのがいやなのだろうか。

車

イヌ3、ネコ4、イタチ1、アナグマ4、キツネ3、シカ3、小鳥・ヒキガエル・その他不明若干。これは、この二年間にラスティとの散歩中に見た、動物の交通事故死体数だ。イヌのうちの一匹は目の前のできごとで、忘れられない。ラスティが通りがかると、いつもまず伏せてうなり、次にフェンスづたいに追いかけながら吠える、鼻の茶色いイヌだった。ラスティを見つけたからだろうか。国道の反対側からとび出してきて、車にはねられた。鎖はついていなかった。

私は、ラスティと散歩をはじめた時から、車のこわさを教えようとしてきた。ラスティは、「おすわり」「まて」「よし」を、私が教える前から知っていて、餌のときなど、びっくりするほどよく従った。それで、車が近づいてきたら立ち止まり、「まて、車」と声をかけ、「よし」と声をかけてから歩き出すことにした。もう千回以上くりかえしているはずだ。しかし、この組合わせは、全然おぼえることができなかった。今でも車が近づくたびに、「まて、車」と言って、左脇にぴったり引き寄せるのだが、欲しい物があればかまわずとび出そうとする。

そのくせ、車輪の大きな車は、極度に恐れる。トラクターをはじめ、すべての農業用車、ダンプカー、トレーラー、トラック、バス…。そばを通ると、前後左右に逃げまわる。せまい農道ですれちがう時など、力ずくで引きよせなければならない。

また、ラスティは車に乗ることができない。カラマツを満載したトラックが通る林道は雪かきがしてあって、冬でも歩きやすい。はじめての道を好むラスティは、先へ先へと登って、木を切り出している開けた場所に出た。林道の終点だった。ひきかえしていたところ、トラックが追いついて止まり、乗ってもいいと言ってくれた。ところがラスティは、車体の下に逃げ込んで、上目づかいに見ながらあとずさりする。なだめて引きずり出し、私とラスティは歩いて下った。

ラスティが病気になったら、どうやって隣町の動物病院につれていこうか、と思っていたところ、歩いて行けるところに獣医さんが開業した。とても心強い。

抜毛

一〇月。もう薪ストーブを一日中焚かなければならない。このころ、ラスティは毛が抜けてくる。細い毛が塊になって、自然にどんどん抜ける。これから一層寒くなるのに……と思ったが、そうして抜けたあとに、やわらかくて細い毛が生えてくるようだ。散歩コースの野山にも、動物の抜毛がたくさん落ちている。不思議なことに、シカの足跡はどこまでも追い続けるラスティが、シカの白くてごわごわした抜毛には、見向きもしない。臭いもかがない。

五月。野鳥のさえずりが、急に透明になってくる。ひとなつこいコガラは、しきりにベランダにとびこんでくる。このころ、あちこちの飼イヌのからだがもこもこして、綿羊のように見える。冬毛が抜けているらしい。ラスティも少し抜けるが、秋のようには目立たない。これから一層暑くなるのに……。抜けるのを助けてやろうとブラシをかけたが、たいして抜けてこない。このブラシをベランダに置きっぱなしにしておいたら、いつの間にかきれいになっていた。見れば、コガラが一本ずつくわえて、どこかに運んでいく。そのうち、ラスティの毛をしきつめた巣に、ひながかえるのだろう。

狩り

一〇月にはいると、赤岳の東面を紅葉がおりてくる。ラスティはもみじ狩りとしゃれこむ。とはいえ、ラスティは景色などどうでもいい。せっかく尾根まで登ってきても、すぐに林の中のシカ狩りに変えてしまう。

沢のあたりで、若いシカがキョン、キョンとなき交わしているのがきこえてくる。まもなく、ラスティに気づいた大シカが、ひときわ鋭くケンと鳴く。数頭の群はひとかたまりになって、どこかへ行ってしまう。追いかけてゆくラスティのスピードを借りて、私は近くの山ブドウの下へかけつける。だましたようで気がとがめるが、ラスティのほうは気にしない。ぶどう狩りでもいいとばかりに、落葉の中から熟れた実を掘り出すのに熱中する。私は、手の平より大きな赤い葉を何枚も拾って、おばあちゃんへのおみやげにする。風はなく、ブドウのかおりがたちこめている。

一〇月には、きのこ狩りもある。草原に二~三個かたまってはえるカラカサタケは、かさの直径が三〇センチにもなり、遠くから見つけられる。ラスティにちょっと待ってもらって収穫したら、そのあとはキツネ狩りにお伴する。杣添川の右岸つまり南の雑木林にはミズナラが多いが、左岸は、川からはなれるにつれてカシワがふえ、沢ひとつ渡ると、ほとんどカシワになる。ラスティは草原をかけまわり、カシワの林にたどりつく。遠くまで来てしまった、と私は太陽の高さを見る。林づたいに大きな石がつみ重なったところで、ラスティはひとつずつすき間に顔をつっこんでいく。大きな岩場では、上に登ったり、後にまわったりして、「もういいよ」と引いてもなかなか離れない。はがれているコケが湿っているから、きっと今でも使われている、何かの巣穴なのだろう。

キツネは見失ったが、たっぷり遊んだラスティは満足だった。私も巨大なキノコをぶらさげて満足だった。

甘党

ラスティは無類の甘党だ。道でチョコレートの包み紙や、腐った果実をかぎつけた時は、私を引きずり倒して突進する。干柿なんか見つけたら、大得意だ。雪を三〇センチも掘って、こげた菓子パンをくわえ出したり、草むらからなかなか出てこないと思ったら、プルーンを沢山たいらげていたことが一時間後にわかったり。道路にこびりついたキャラメルやチョコレートは、舌がひりひりしないのかなあと心配になるほど、いつまでもなめている。

この大好きな甘い物を、ラスティが拒絶したことがあった。シカを追っていって、今にも崩れ落ちそうな崖の上に出てしまった時だ。シカはここを下っている。チョコレートで気を引こうと思って差し出したが、ラスティは鋭い目で前方を見つめたまま、鼻を横に振り、たたきとばしてしまった。私は全体重をかけてラスティと綱引きをし、勝った。

友だち

ラスティと散歩してきたコウタ君が、いろいろ報告してくれた。
――こいつ、すげえ力、あるな。
――川で、水、飲んだ。
――知らない家にどんどんはいっていって、ベランダにまであがりこんだ。
私も、ラスティに引き倒されてできたすり傷切り傷のあとを見せる。
その川って、開拓記念碑から少し下って行った右側じゃない？と私。
――そう。

やはり、ラスティが水場にしているお気に入りの小川だった。

知らない家って、どの辺？と私。

——テニスコートの横と、奥の白い家。

これには私もたまげた。野辺山に来て日の浅い私は、友人といえば、テニスコートのきわのご夫妻と、さらにその奥のお宅しかない。しかし、ラスティを連れていったことは、一度もなかった。

ラスティは、私の友人はすなわち自分の友だちだと思って、コウタ君をひきあわせようとしたのだろうか。でも、どうしてそこが友だちの家だとわかったのだろう。ほんとうにたまげた。

板橋牧場

ひざしのおだやかな晩秋の朝、板橋牧場にウシの太い声がひびきわたる。いよいよ牛舎へ帰る日だ。これから次の夏までの半年間は、ラスティと野生動物がここの主役になる。

牧場コースの散歩を再開して間もない頃、日に日に紅色が深くなっていく草もみじの中を、私はラスティに引きずられたりころんだりしながら、川向こうの八ヶ岳牧場を見ていた。シカの群が動いている。ラスティはキツネに夢中だ。シカには気づいていない。と、突然ラスティが谷に向かって立ち止まった。黒い鼻はいっそう黒々とし、頬ま

でひくひくさせて、けわしい顔になる。あたりがざわめく。シカだ。二歳ほどの若者だけの一団は、急斜面をかけ上がって、私たちのいる広い草原を、杣添川の方へと横切っていった。ラスティは追わない。なぜだろうと考えている間もなく、今度は大きな雄ジカを先頭に大小のシカが次々に現われ、一列の長い帯になって、同じ道をかけ抜けていった。

ラスティはぼう然とし、私は数えた。一三番目のいちばん小さなシカが見えなくなると、あたりは風の音だけになった。ハッとしたように、ラスティは足跡をひとつずつ追い始めた。あのスピードなら、二つの群はもう杣添川を渡り切ったことだろう。私はラスティをなだめ、キツネ狩りの続きにつきあって帰った。

二群合わせて一九頭ものシカが一列になって疾走していくのを目の前で見て、その日はラスティよりも私の方が興奮していたようだ。

煙

カケスがジャーッジャーッと鳴いて飛びまわる頃、カラマツ林に金色の雨が降りしきる。数日後には、地面が明かるい黄色に変わり、すっかり葉を落とした黒い枝の向こうに、まっさおな空が広がる。風のない晴れた日に、屋根の落葉を掃き落とし、枯枝を集めて焚火をする。この灰を庭にまけば、いよいよ野辺山の真冬だ。

ラスティは、棒きれや火をこわがらない。焚火のすぐ近くまで来て、丸くなっている。時々風がまわって煙が地を這い、ラスティを包んでしまうが、じっとしている。道路を散歩している時、車が通るたびに、ラスティはたて続けにくしゃみをする。焼却炉の煙や排気ガスとちがって、落ち葉の煙は何ともないらしい。

やきもちやき

部屋の中が見える場所に来て、ラスティが吠え続けている。おばあちゃんとお客が笑う。「ラスティはやきもちを焼いているみたい。」私は、家に大きなリトリーバーが来た日のラスティを思い出した。

雪が止んだ一一月の末だった。前方に、ラスティの倍はありそうな大きなイヌがいる。脇道はないし、困ったなと思いながら、ラスティを左脇にたぐり寄せた。ラスティは少し緊張したが、ほとんど無視するように通り過ぎた。やれやれと思ったのもつかの間、突然ラスティが吠えるので振り返ると、さっきのイヌが来ていて、私の右側にぴったりついた。ラスティはいやがって何度も吠えかかるのだが、そのイヌは雪を食べたりして平然としている。とうとうこの隊列のまま、私たちは家まで帰ってきてしまった。

私が薪の積みかえをしたり、小枝を切ってたきつけを作ったりしているあいだ、そのイヌは私にまとわりつき、ラスティにも近づいて遊ぼうとした。お昼には、家の中を見つめて、午後はいねむり。一方ラスティは吠えどおしだった。役場に放送をたのんで飼い主がみつかるまでの半日間、そのイヌはのんびり遊んだ。ラスティは、気が気でない半日を経験した。

それ以来、ラスティはやきもちやきだ、ということになった。

もういいよ

野生動物を追いかけるのが好きなラスティだが、会えない日もある。そんな日でも、ラスティは何かに熱中すると制止されるまで続け、遊びにはこと欠かない。

梅雨があけ、アスファルトの農道にはい出したミミズが、みんなひからびている。いつもはミミズに関心のないラスティが、何を思ったか、ぱっととびかかって食べてしまった。それから先、私が「もういいよ」と言うまでに見つけたミミズの干物は、ひとつ残らずラスティの胃袋におさまった。後日、ミミズの干物に注意を向けたことはない。

西風に、とり残されたトウモロコシの実が音をさせている。ラスティはとびかかって食いちぎり、ちょっとはなれた別の場所に坐りこむ。うす皮をはぎ、中の実を一列ずつむしって飲み込んでいく。一本終るとまた別の実にとびつき、「もういいよ」と声をかけるまでくり返す。となりの畑で凍大根をみつければ、また坐りこみ、一本たいらげるまでかぶりついている。

土管に逃げ込んだネコを追う様子は、おかしいというより、かわいそうだ。近所に、子ネコだが気が強く、ラスティの姿を見ても動じないのがいる。いつも、じらすように道のまん中でじっと伏せていて、いよいよとなると細い土管の中にはいり込む。ラスティは穴の右端から頭をつっこんで吠え、急いで左端にかけつけて吠え、また右端にかけもどって吠え、とかけどおし、吠えどおしだ。ネコの方は、すきを見てとび出し、近くの草むらの中でうずくまっている。「もういいよ」

と言わなければ、いったい何十回往復したことだろう。

通りがかりの人が見ていて、「イヌってのは足りねえんだよ」という。制止されるまでやめない、というのはイヌに共通の性質なのだろうか。

とおせんぼ

毎朝の散歩の途中、ラスティと私は二～三回衝突する。原因はきまって、どちらの道を行くか、ということにある。

ラスティには、道路工事で通行止になっていることも、牛が放牧中で秋の下山まではは牧場にはいれないことも、曲り角の猛犬が放されている時刻であることも、農薬の空缶集積所に通じる道であることもわからない。それで、私がそれらの方面に行かないように引くと、ラスティは、不満の度合いによってちがう、四通りのしかたで抵抗する。

ランク1。どうしても私が引く方の道に行きたくない時。すぐにその場でえんこ。後足を八の字に広げておすわりし、白目をむいたり、目をつり上げて、耳をぴんと立てた顔をそむける。頑として動かない。少し開いた口で荒い息をつきながら、何分間でもそうしている。私がひもをゆるめて知らぬふりをすると、立ち上がって、急いで別の道に向かう。

私と綱引きになり、首輪が抜けてしまうこともある。ラスティは私に名前を呼ばれても、ふり向いたりかけ寄ったりしたことのないイヌだ。私は心中狼狽。落ちつけ落ちつけと自分に言いきかせながら、「待て」と静かに声をかける。するとラスティは、首輪をしてくれ、というように近づいてくる。首輪をすると、再びえんこ、綱引き。どのようになだめてもだめだ。首輪をつかんで引きずらなければならない。

ランク2。どうしても行きたい所がある時。この時も、えんこ、綱引きになる。よその家の生ごみ穴近くを通る時に多い。しかし、何か気をとられることが起こると、あきらめる。ダンプカーが通るとか、ドッグフードを二〜三粒もらうとか。このランクの時は、私が知らぬふりをすると、クーンといいながら寄ってきて従う。

ランク3。散歩コースを変更したくなった時。突然私のまん前に出て、とおせんぼする。あやうく踏みそうになる。私がすり抜けて歩き続けると、数歩先に出てまたとうせんぼしたり、私の足にしがみついて歩かせない。しゃがんでなでていると、だんだん落ちついてきて、目を合わせるようになる。その時「来い」と言ってかけ出せば、たいていはついてくる。それでだめな時に私が支払う通行料は、ドッグフード五粒だ。

ランク4。家に帰りたくない時。分かれ道に近づいてくると、ラスティは道の反対側へとぐいぐい引っぱる。そして、家に早く着く方の道を避けて走り過ぎる。遠まわりといっても、せいぜい一〇分のちがいだ。私は折れることにしている。

？？？

二年近いラスティとのつきあいの中で、未だに意味のわからないラスティの行動がある。他の動物の臭いを、からだじゅうにこすりつけるのだ。他の動物、といっても、生きている動物そのものではなく「名残」だから、何の動物か、動物だけなのか、正確にはわからない。

たとえば、晩秋の板橋牧場で。何かがしばらく居たと思われるように、枯草がくぼんでいた。そこを通った時、突然ラスティは仰向けになって、くぼみにからだをこすりつけた。何が居たあとなのか、私にはまったくわからなかった。

また、小海線の線路近くのトウモロコシ畑で。よくアナグマを見かける場所だ。いつもは、「畑、だめっ」と言って引けば従うのに、その時は、どうしても中にはいっていきたがった。すると、何とも強烈な動物の糞の臭い。「だめっ」とどなったが間に合わず、ラスティはその緑色の糞を、からだじゅうに塗りたくってしまった。臭いの何のって。その後一時間余りの帰路、私は何とか人通りのない道を選んで連れ帰った。夏でよかったと思いながら、雑巾を何枚も使ってシャンプーしたものだ。

正体がはっきりしていたこともあった。一度は、演習林の中でアオダイショウの抜けがらを見つけた時。ラスティはまず臭いをかぎ、次に口でていねいに伸ばして広げ、やおら仰向けに、その抜けがらの上に寝ころんだ。足をばたばたさせながら、背中全体をヘビの抜けがらにこすりつける。いったん起き上がって、またしわを伸ばし、次にはのどにもこすりつけた。目はらんらんとしていた。そうして、何ごとも無かったかのように、散歩を続けた。その後もヘビの抜けがらはよく見かけるが、ラスティは臭いをかぐだけで、二度とこのような場面は見られない。

もう一度は、ぼろぼろになったヤマネの切れはしを見つけた時。背中らしい二センチ角ほどの毛を、雪道のまん中までくわえていって、何度も仰向けになって背中をこすりつけていた。

この奇妙な行動は、仰向けになりそうになった時に引っぱれば、やめる。その程度の執着だが、かなりしばしば見られる。

以前、オオカミが、魚の内臓をからだじゅうにこすりつけている映像を見たことがある。ラスティもオオカミも、他の動物に化けて、カモフラージュしている気なのだろうか。さっぱりわからない。

イヌの相性

ラスティと歩いていて、交通事故と同じくらいに気を使うのが、放されているイヌとのけんかだ。どんなに相性が悪くても、庭の中や飼い主と一緒ならかまわない。鎖のないイヌを見かけた時、けんかになるのかどうか、何とか見当をつけることができないものだろうか。大きさなら遠くからでもわかる。近づけば雌雄の別もわかる。そこで、この二点にしぼって、今までの出会いの事例を整理してみた。

ラスティよりずっと大きなリトリーバー9例、ラスティよりずっと小さな雑種9例、ラスティと同じくらいの雑種15例について、吠えた

	ラスティよりずっと大きい			ラスティよりずっと小さい			ラスティと同じくらい		
	雄	雌	不明	雄	雌	不明	雄	雌	不明
吠える・噛む	1	2	0	1	0	0	1	1	1
吠える・噛まない	0	0	2	1	2	3	2	3	1
吠える・近づく	0	0	0	0	0	0	0	0	0
吠えない・無関心	0	0	1	0	0	0	0	1	0
吠えない・近づく	0	1	2	1	0	0	2	1	1
吠えない・逃げる	0	0	0	0	0	1	0	1	0

か、かんだかを集計すると、表のようになった。ラスティの方から吠えかかったのは、小さなイヌが逃げた時だけだった。

表を見るかぎり、ラスティより大きいからかむとか、雄どうしだからけんかになる、というような傾向は見られない。

このまとめ方では拾えない事例を含めて、この二年間に五〇回ほど放されているイヌに出会っている。いくら事例がふえても、イヌの相性の問題は、私にはわかりそうもない。私にできることは、前にラスティをかんだことのあるイヌを見かけたら、近づく前に避けることだけのようだ。

冬の赤岳

野辺山の東には、秩父の山々が連なっていて、冬の朝日はなかなか顔を出さない。それだけに、いよいよ最高峰の金峰山から、すべるように太陽がとび出してくる時はみごとだ。山頂は、正視できないほどの輝きで、この山の名もむべなるかな、である。

しかし、ラスティと散歩するようになって知った厳冬期の赤岳は、それにも増してすばらしい。

冬のあけ方、ストーブに薪を補充してからぼんやりしていると、ラスティがグワンと呼ぶ声がきこえる。六時少し前だ。急いで身仕度をとともに、ラスティと共に家を出る。空はまだ東も西も灰色で、晴れるのかどうかもわからない。八ヶ岳の主峰赤岳は、すそ野はまっくらだが、中腹から頂上にかけてが、うす紅色に浮かび上がっている。マイナス二〇度だった気温はなお下がり続け、ラスティと走っていても冷える一方だ。

やがて、山と空はとけ合うように灰白色になる。くもってきたのかと一瞬思うが、すぐに山ぎわの西空に、青みがさす。次の瞬間、赤岳の頂上が真紅に輝く。紅色が、一〇分足らずでふもとまで広がってトキ色に変わるのを、ぽかっとあたたかなラスティにくっついて、一緒にながめる。天候によって、色あいも染まりぐあいも日々ちがい、毎日見ても見あきない。

もしすそ野の林に霧氷がついていれば、それらは繊細なガラス細工から金糸細工に変わる。日が高くなると、雲のない紺色の空と、まっ白な赤岳は絵のように動かず、痛いほどの冷気に金粉が舞う。
ラスティがいなかった頃の冬には、考えられなかった朝のすごし方だ。

これからも

ラスティは五歳になった。歯並びはととのい、耳の裂傷あとはもうわからない。まだ時々、つぶらな目のおどおどした表情を見せるが、やかんの水はとうにこわがらない。

名前を呼ばれると、ぷいと横を向く。ラスティははじめ、そんなイヌだった。餌も、はじめのうちは、私が見ていると、桶のまわりを走りまわるだけで、食べなかった。三ヶ月ほどでそっぽは向かなくなったが、その後は、まるで聞こえていないかのように反応がない。ラスティにとって名前を呼ばれることは、今から叱られる、という合図だったのだろうか。今は、楽しいことの始まる合図だ。そのうち、かけ寄ってくるようになったら、草原で放してやろう。

イヌは一五年ほど生きるという。ラスティには、自然相手の気ままな朝が、あと一〇年はあることになる。そして私にも。

著　者　河田いこひ

犬にきいた 犬のこと

2000年2月22日　第1刷発行

発行所　（株）海鳴社
〒101-0065 東京都千代田区西神田2-4-5
電話（03）3234-3643（Fax共通）3262-1967（営業）
振替口座　東京 00190-31709
組版：海鳴社　印刷：三報社印刷　製本：松島製本

出版社コード：1097
ISBN 4-87525-194-7